LE FRANKLINISME

RÉFUTÉ,

OU

REMARQUES

SUR LA THÉORIE

DE L'ÉLECTRICITÉ,

A l'occasion du Systéme de plusieurs Physiciens modernes sur ce Sujet.

Par M. l'Abbé DURAND.

A PARIS,

Chez VARIN, Libraire, Rue du Petit Pont, au bas de la Rue Saint Jacques, N°. 22.

M. DCC. LXXXVIII.

AVERTISSEMENT.

QUOIQUE M. l'Abbé Nollet ait répandu le plus grand jour fur la théorie de l'Electricité, tant par le nombre de fes expériences, que par la folidité de fes raifonnemens : cependant, éprouvant le fort ordinaire des Grands Hommes, il a toujours eu des ennemis à combattre ; & il eft mort en quelque façon les armes à la main. Après fa mort fes adverfaires ont cru qu'ils pourroient triompher d'autant plus facilement, qu'ils n'avoient plus à fe défendre contre un Antagonifte auffi redouatble pour eux, que l'étoit M. l'Abbé Nollet. Leur prétention n'a pas été fans quelques fuccès. En effet, quoique M. l'Abbé Nollet ait laiffé des écrits qui devoient les confondre, ils ont cependant tant fait, & tellement accrédité leur fyftême, qu'il paroît le plus reçu, au moins fi l'on en juge par le témoignage de plufieurs Auteurs modernes.

M. l'Abbé Durand, voyant l'efprit de parti prévaloir contre un homme qui n'a eu en vue que la recherche de la vérité, & qui l'a fi bien défendue, a cru devoir mettre la main à la plume pour faire voir qu'on ne devoit pas quitter M. l'Abbé Nollet pour le Docteur Franklin & fes adhérans, au fujet de la théorie de l'Electricité, & de l'explication des phénomènes que nous préfentent nos machines électriques.

LE

FRANKLINISME

REFUTÉ.

MON INTENTION n'eſt pas de donner ici un Traité ſur l'Electricité, ni de répéter des choſes qui ont déjà été dites, & qu'on peut trouver dans différens Auteurs. Je ne me propoſe ici que de faire quelques remarques relatives à ce que j'ai vu dans pluſieurs phyſiciens modernes; & ſpécialement dans le gros précis hiſtorique & expérimental de M. Sigaud de la Fond, ci - devant Profeſſeur de phyſique expérimentale, à Paris. J'y ai vu, avec étonnement, qu'il contrediſoit, dans des points principaux & eſſentiels, un ſyſtême appuyé ſur l'expérience ; c'eſt celui de M. l'Abbé Nollet, perſonnage qui a ſi bien mérité de la phyſique, tant par ſon zèle infatigable, dans ſes recherches que par ſes profondes lumières. Or ces points eſſentiels ſur leſquels M. Sigaud de la Fond contredit M. l'Abbé Nollet, ſont au nombre de trois ; ſavoir :

Premiérement : ſon ſyſtême des effluences & affluences ſimultanées.

Secondement : ſon explication de la commotion donnée par la bouteille de Leyde, les carreaux, le tableau magique, &c.

Troiſièmement : la perméabilité du verre au fluide électrique. Or ces trois choſes ſont les points principaux & eſſentiels ſur leſquels roule toute la théorie du ſyſtême électrique : ſe tromper ſur ces trois points fondamentaux, c'eſt entendre bien peu l'explication des Phénomenes de l'Electricité : & certes M. l'Abbé Nollet a perdu bien du temps, ſi, après plus de vingt années d'expériences, toutes ſes recherches, malgré ſes lumières & ſes talens, n'ont abouti qu'à l'ignorance & à l'erreur.

Defirant donc de connoître la vérité par moi-même, & ayant vérifié,
par ma propre expérience, les points
conteftés, j'ai vu que M. l'Abbé Noilet
eft celui chez qui il falloit chercher
ce qui a été dit de plus raifonnable fur
la connoiffance des phénomenes électriques dépendant des trois chofes ci-
deffus. Pour en être convaincu, il fuf-
firoit de lire, dans la bonne foi, &
fans prévention, les lettres de ce grand
Phyficien fur l'Électricité; & d'y voir
la multitude d'expériences qu'il a faites
en préfence de plufieurs membres de
l'Académie, & atteftés par eux; car
comme il fçavoit qu'il avoit des ennemis & des jaloux, il prenoit cette
précaution, afin qu'on ne pût le foup-
çonner de mauvaife foi dans la cita-
tion des faits.

Cependant, tout phyficien peut
vérifier par-lui-même ces expériences,
fe convaincre par fes propres yeux;
& il n'eft pas befoin de les multiplier,
comme a fait M. l'Abbé Nollet, pour
être convaincu que la raifon eft pour
lui, & que fes adverfaires fe trompent
groffiérement; fi groffiérement, dis-

je, qu’il eſt difficile de s’empêcher de croire que la mauvaiſe foi & l’eſprit de parti n’aient eu la plus grande part à la guerre littéraire qu’ils lui ont déclaré.

N’ayant pas intention ici de faire un volume, je ne m’arrêterai pas à citer un grand nombre d’expériences: je me contenterai d’un très-petit nombre, mais choiſi & ſans replique raiſonnable: au reſte je ne parle ici qu’à ceux qui ont quelque uſage des machines électriques; & qui, mettant bas tout eſprit de parti, cherchent à connoître une merveille ſi digne de la curioſité de l’homme. Venons au fait; & commençons par le ſyſtême fondamental des Effluences & Affluences ſimultanées.

Syſtême des Ef-fluences & Afflu-ences ſi-multa-rées. M. Sigaud, après avoir mis ſous les yeux de ſon lecteur le phénomène des Attractions & Répulſions, rapporte l’explication qu’en donne M. l’Abbé Nollet, par ſon ſyſtême des Effluences & Affluences ſimultanées. Après avoir dit que ce ſyſtême eſt ingénieux, il ajoute qu’il eſt, on ne peut plus, ſéduiſant; & conclut par dire *qu’on s’eſt trop hâté de forger des hy-*

pothèses, pour rendre raison de ces sortes de phénomènes. Tel est le génie de l'homme, Continue-t-il : *il ne peut voir aucun effet dont il ne veuille découvrir la cause! Cette propension si naturelle à vouloir tout expliquer, est le plus grand obstacle aux progrès de ses connoissances.*

Page 115.

M. Sigaud, par cette morale déplacée, veut-il reprocher à M. l'Abbé Nollet d'avoir reconnu un fait de la première évidence ; à lui, qui par sa place de démonstrateur de physique expérimentale, auroit eu droit de donner des conjectures, & de proposer un système dans la force du terme. *On s'est trop hâté*, dit M. Sigaud, *de forger des hypothèses :* comme si ce Système étoit une pure hypothèse ; comme s'il n'étoit pas réalisé dans des faits qui sont sous les yeux de tout Electrisant ; comme si M. Sigaud lui-même ne l'eût pas vu comme eux, cent fois pour une. Toutes les fois que M. Sigaud a présenté, dans l'obscurité, le bout de son doigt à une aigrette sortant du conducteur, n'a-t-il pas vu, dans le même instant, sortir de son doigt une semblable aigrette, quoiqu'un peu plus foible, dont les rayons divergens paſſoient à travers les rayons divergens de l'aigrette du conducteur. Voilà l'hiſtoire de l'Electricité; la voilà viſible & palpable. Après cela, M. Sigaud peut-il être dans la bonne foi, lorſqu'il contredit le ſyſtême, ou pour mieux dire, l'aſſertion évidente de M. l'Abbé Nollet. Car le nom de ſyſtême ſuppoſe quelque obſcurité; & ici il n'y en a point : il ne faut qu'ouvrir les yeux, il n'eſt beſoin d'aucun inſtrument, d'aucune lentille, ni d'aucun mycroſcope pour voir les deux feux ſe traverſer en ſens contraire. C'eſt donc M. Sigaud lui-même qui s'eſt trop hâté, dans cette occaſion, non pas *à forger un ſyſtéme*, car il n'en propoſe aucun pour remplacer celui qu'il veut détruire : mais à ſe livrer à l'eſprit de contradiction, de critique; & cette précipitation ſeroit elle-même un obſtacle au progrès des connoiſſances, ſi M. Sigaud & ſes partiſans devoient faire loi en phyſique, comme étant *la plus ſaine partie des phyſiciens*, ainſi qu'il s'en vante dans plus d'un endroit.

Je pourrois ajouter ici d'autres preuves, pour confirmer à M. Sigaud la vérité qu'il combat : je pourrois en particulier lui demander, si l'attraction du fil par le conducteur n'eſt pas une preuve claire d'une matière affluente, comme la répulſion de la flamme d'une chandelle préſentée à une pointe attachée au conducteur, eſt une preuve évidente de la matière effluente : je pourrois, en un mot, avec M. l'Abbé Nollet, citer un nombre de preuves convaincantes ; mais elles ne pourroient être plus évidentes ; &, encore une fois, ce n'eſt pas le nombre des preuves que je me ſuis propoſé, mais le choix & la ſolidité. Au reſte nous aurons occaſion, par la ſuite, d'appuyer ce premier article.

Quand à l'autre point de conteſta-tion, qui eſt l'explication que M. l'Abbé Nollet donne à la commotion excitée par la bouteille de Leyde, les carreaux, le tableau magique, &c. elle doit paroître beaucoup plus raiſonnable que celle de M. Sigaud, d'après les Frankliniſtes. Il eſt bien

glorieux pour M. l'Abbé Nollet,
qu'étant, en quelque façon, le premier venu, il ait cependant l'avantage fur ceux qui, étant les derniers
venus, & qui ayant la reſſource des
lumières d'autrui, font dès-là-même
plus blâmables dans leur ignorance.

M. l'Abbé Nollet dit que la commotion, dans l'expérience de Leyde,
naît du choc de la matière électrique,
qui part réciproquement de ia furface
intérieure & extérieure de la bouteille
électriſée, du carreau, &c. Il dit que
c'eſt de ce choc que naît le bruit
qu'occaſionne le fluide électrique.
Dans ce fyſtéme, il fuppoſe deux
courans oppoſés de matière : l'un ve-
nant de l'intérieur de la bouteille;
l'autre de l'extérieur.

M. Sigaud, au contraire, avec les
Frankliniſtes, foutient que, malgré la
plus rude commotion, une bouteille
n'eſt pas plus chargée de fluide électrique qu'avant l'électriſation. Sans
craindre de parler trop tôt, *en for-
geant des hypothéſes*, il dit que la furface extérieure de la bouteille, loin
de fe charger de fluide électrique, eſt

au contraire *dépourvue de l'Électricité naturelle à tous les corps*, & qu'elle avoit avant l'électrisation; ce qu'il appelle *Électricité négative*, par opposition à la charge intérieure, qu'il dit surabondante en proportion ; & qu'il appelle *Électricité positive*. C'est sur cette théorie, qui n'est pas *séduisante*, que roule le systême du physicien moderne, comme des Frankliniftes : il l'appelle, lui-même, un *paradoxe*, *une sublime théorie* : mais un paradoxe qui n'est pas prouvé dégénère en absurdité, & sa théorie prétendue sublime n'est qu'une théorie ridicule.

En effet, n'est-il pas absurde & ridicule de dire que la surabondance du fluide électrique, partant du conducteur à la bouteille, y va occasionner un vuide du même fluide, qu'on avoüe soi - même toujours tendant à remplir & à occuper la place vuide ; qu'on dit ne commouvoir, que par l'effort qu'il fait en vertu de cette tendance : &, ce qui met le comble à la contradiction, il occasionnera le vuide de l'Électricité naturelle, dans l'instant même où la surface préten-

due vuide de l'Electricité naturelle,
est en contact immédiat avec le réfervoir commun ; lequel, de fon côté,
tend à l'équilibre, & à remplir le
vu de : voilà un raifonnement bien
humiliant pour *la plus faine partie des
physiciens de nos jours.* N'a-t-on pas
lieu de croire que M. Sigaud s'est trop
hâté, lui-même, pour foutenir une
hypothèfe infoutenable : mais il nous
avertit, lui-même, que *tel est le génie
de l'homme : il ne peut,* dit-il, *voir aucun effet dont il ne veuille découvrir la
caufe ; & cette propenfion à vouloir tout
fçavoir est le plus grand obfacle aux
progrès de fes connoiffances.* On pourroit auffi ajoûter : tel est le genie de
l'homme ; il aime la nouveauté, il
est du ton d'avoir des fentimens hardis
& inouis ; on veut mettre la vérité
à la mode, aux dépens de la raifon,
& du fens commun ; & les mêmes
perfonnes qui difent que *c'est nuire
aux connoiffances, en physique, & que
c'est trop fe hâter de forger des hypo-
thefes ;* lorfqu'on affirme des faits in-
conteftables & palpables, ne font aucune difficulté de trancher en maitres,

dans les points les plus obscurs, & de donner, avec assurance, pour des vérités incontestables, des systêmes absurdes & ridicules. Il faut pourtant les excuser : on veut écrire & on veut être acheté, on veut être lu : on compile ; on rebat ce que d'autres ont dit ; on en fait de *gros précis* : mais si on ne fait que compiler & rebattre ce qui a déjà été dit, on court risque de n'être pas lu : pour lors il faut du nouveau ; il faut réveiller l'attention par quelque chose de frappant ; il faut faire voir que ceux qui sont venus avant nous se sont trompés : & que nous avons plus de lumieres qu'eux : en un mot, il faut nous élever sur leurs ruines ; cela doit paroître dautant plus aisé, qu'ils n'existent plus, & ne peuvent plus se défendre. Ainsi, on profite de l'obscurité de la matière, pour en imposer aux ignorants ; à la faveur de cette obscurité, on se fait un parti ; & on nomme ce parti *la plus saine partie des physiciens*, on se nomme *Franklinistes* ; & à l'abri de ce nom, on croit pouvoir impunément souffleter la raison, & détruire l'autorité des plus grands maîtres : mais les grands hommes font toujours les grands hommes ; & la vérité qu'ils ont défendue fçait les venger tôt ou tard, en confondant leurs adverfaires. Ceux qui, avec quelques lumieres, la cherchent dans la bonne foi ne font pas la dupe des fyftèmes à la mode : à travers l'obfcurité de certains phenomènes ; ils ne peuvent méconnoître certains faits vifibles & palpables, qui les conduifent à la connoiffance de ce qu'ils ne voyent pas ; & ils rendent témoignage à cette verité, fans aucune acception de perfonnes.

C'eft par un femblable motif, que je me fuis attaché à fuivre les expériences relatives aux faits conteftés ; & j'ai vu que la vérité étoit pour un homme qui, quoique fçavant, n'affectoit pas le fafte de la littérature, ni la nouveauté ; mais qui cherchoit la vérité pour elle même. Je viens au fait, me contentant encore d'un petit nombre de preuves.

Pour voir fi la furface extérieure d'une bouteille difpofée à donner la

commotion étoit dépourvue d'électricité ; je l'ai iſolée, ayant aupara-
vant attaché à l'extérieur un Élec-
tromètre commun, compoſé de deux
fils terminés par deux boules ; & j'ai
vu ces deux boules diverger ; ce qui
m'a prouvé clairement que cette ſurface n'étoit pas dépourvue d'électricité ; mais qu'aucontraire elle étoit
chargée. Une cauſe contribue parti-
culiérement à charger la bouteille ;
C'eſt la matière affluente du réſervoir
commun, par le contact ; ce qui fait
qu'en général, pour charger la bouteille, il faut qu'elle ne ſoit pas iſolée;
je dis *en général* ; parce que je l'ai quel-
quefois chargée, au moins en partie,
quoiqu'iſolée, & avec les mêmes in-
ſtrumens, ainſi que l'a auſſi éprouvé
M l'Abbé Nollet : ce qui peut venir
des différens dégrés d'électricité affluente répandue dans l'air, ou peut-
être de l'haleine de l'Electriſant.

Quand à la fuite des boules de
l'Electromètre devant le ſouffre, elle
n'eſt point importante pour la commotion : car je l'ai reçue, ſoit que
les boules fuſſent attirées par le ſouffre,

en conséquence de l'Electricité appellée positive par ces Messieurs ; soit qu'elles en fussent repoussées , ou qu'elles fussent réunies par le contact , c'est-à-dire, par le passage de l'Electricité effluente, à l'Electricité affluente ; ou si on le veut de l'Electricité directe à l'Electricité inverse : d'où il suit que l'explication que donne M. Sigaud, d'après les Franklinistes, de la commotion dans l'expérience de Leyde, est appuyée sur un principe ruineux.

Une autre preuve que la surface extérieure de la bouteille est chargée de feu électrique, se tire de la contradiction même de M. Sigaud. A la page 665 de son précis, il dit , d'une part, que l'Electrophore chargé & isolé donne des étincelles par son plan métallique : il soutient d'autre part, que l'Electricité du plan métallique est la même que celle de l'extérieur de la bouteille électrisée , c'est-a-dire celle qu'il appelle négative ; ou négation, non seulement de surabondance de fluide électrique, mais même d'Electricité naturelle. Or dire que le plan métallique, étant en négation d'Electricité même naturelle, donne des étincelles ; n'eſt-ce pas, en ſe contrediſant ſoi même, avouer que l'Eĕtricité qu'on appelle négative, eſt très-réelle & poſitive ; & que la ſurface extérieure de la bouteille qu'on dit dépourvue d'électricité, eſt réellement chargée : à moins que, pour pouſſer le ridicule juſqu'au bout, il ne diſe que les étincelles qui ſortent, ſelon lui, du plan métallique, comme de l'extérieur de la bouteille iſolée, ſont des étincelles négatives.

Concluons de ceci, avec M. l'Abbé Nollet que, dans la commotion électrique, le fluide part des deux ſurfaces de la bouteille ; & qu'elle naît, ainſi qu'il l'avoit-dit, du choc de ces deux charges de feu, par effluence & affluence ſimultanée : choc, dont on voit de ſes yeux, le méchaniſme à loiſir, dans l'expérience des deux aigrettes, dont nous avons parlé plus haut : car, je le répete ; c'eſt dans cette effluence & affluence palpable, qu'eſt viſible, en petit, tout le ſyſteme électrique ; & vouloir en expliquer les phénomenes, fans avoir égard à ces deux courants oppofés, comme M. Sigaud & les Frankliniftes ; c'eft évidemment vouloir donner dans le faux.

Concluons auffi de là, que la preuve que M. lAbbé Nollet apporte de ces deux courants, par le carton percé avec appendice, de part & d'autre, mérite encore aujourd'hui, quoiqu'en dife M. Sigaud, l'attention dont on a bien voulu l'honorer, dans le temps ; & que ce n'eft pas une pure chicane, ainfi qu'il le dit (1). Concluons en-

____

(1) *Ainfi qu'il le dit* : » L'expérience en effet nous
» apprend, dit M. Sigaud, à la page 396, que fi les
» furfaces du carton percé par la décharge électrique,
» ne font point enfermées, on preffées; on remarque
» une bavurre élevée tout au tour du trou, des deux
» côtés du Carton...... mais cette bavurre n'eft que
» l'effet de l'explofion, en tous fens, & non l'effet de
» la direction, comme l'Abbé Nollet le prétend.
» D'où il fuit que la difficulté qu'on oppofe, n'eft
» qu'une pure chicane qui ne mérite point l'atention
» dont on voulut bien l'honorer dans le temps. La
» Théorie, d'ailleurs, de Franklin, trop bien ap-
» puyée fur les expériences & fur les obfervations que
» nous avons rapportées, ne peut rien fouffrir d'une
» difficulté auffi équivoque, fondée fur un phénomène
» q i prouve plus fouvent en fa faveur qu'en faveur
» de fes adverfaires. »

core, que cette preuve qui ne varie
point, eſt encore moins le plus ſouvent, en faveur des adverſaires de M.
l'Abbé Nollet, ainſi que M. Sigaud
l'avance gratis.

M. Sigaud rapporte diverſes preuves
en faveur de la théorie du Docteur
Franklin : nous ne nous arrêterons pas
à les réfuter, dans le détail ; mais
nous nous contentons de dire, en
général que la cauſe de ſon erreur,
eſt qu'il fait par-tout abſtraction de la
matiere affluente. Il eſt vrai, que,
dans les differentes expériences qu'il
cite, il n'eſt pas poſſible de la diſtin-
guer à l'œil, à cauſe de la prompti-
tude exceſſive du fluide concentré,
qui ne donne pas le loiſir de conſiderer,
çomme l'effluence, & l'affluence des
aigrettes, dont le feu n'eſt concentré,
ainſi que dans notre premiere experience : mais ſi on concentre le feu
de deux aigrettes, l'une effluente &
l'autre affluente : ſi, par exemple, on
approche le doigt à la rencontre d'une
aigrette ſortant du conducteur dans
l'obſcurité; alors à meſure qu'on approche le doigt de plus près, le feu des

deux aigrettes, en se croisant, se rassemble dans un plus petit espace, devient plus vif & plus éclatant, pétille plus fort ; & n'est plus vu que sous la forme d'un seul feu, quoiqu'on ne puisse douter qu'il y en ait deux. Il en est de même du feu des deux surfaces de la bouteille : lequel, sans contredit, est encore beaucoup plus concentré que celui des deux aigretres ; & par conséquent plus vif & plus prompt. Il n'est donc pas étonnant qu'on ne puisse distinguer à l'œil le feu de chaque surface.

Page *321.*

A la quatriéme preuve de M. Sigaud, nous avons trouvé une expérience qui, au premier abord, a quelqne chose d'imposant en faveur du Franklinisme ; la voici : c'est M.
» Sigaud qui parle : Il n'est point ab-
» solument nécessaire d'établir une
» communication intime entre la sur-
» face extérieure de la bouteille & le
» réservoir commun, pour qu'elle
» puisse se charger intérieurement de
» l'Electricité, il suffit qu'on la dispose
» de manière que la surface extérieure
» puisse perdre de sa quantité natu-

» relle d'électricité ; & on peut pro-
« céder de la manière fuivante, pour
« obtenir vifiblement cet effet.

» Embraffez la furface extérieure
» d'une bouteille garnie d'une feuille
» d'étain, avec un cercle de métal,
» à la circonfèrence duquel vous aurez
» implanté deux ou trois pointes de
» métal, un peu mouffes & faillantes
» de quelques lignes. Sufpendez la
» bouteille comme précédemment
» par fon crochet, (c'eft-à-dire au
» conducteur) ; & , après avoir fait
» l'obfcurité dans la falle, électrifez le
» conducteur : la furface intérieure de
» cette bouteille recevra une dofe fura-
» bondante d'électricité communiquée
» au conducteur ; & dans le même
» temps vous verrez une aigrette qui
» s'élancera de chacune des pointes
» dont le cercle de métal fera garni.

» On voit donc ici , & très-diftinc-
» tement le fluide électrique s'échap-
» per de l'une des furfaces de la bou-
» teille, à mefure que la furface op-
» pofée acquiert une quantité fura-
» bondante de fluide électrique. »

Cette expérience, au premier abord,

je le répete, a quelque chofe d'impo-
fant en faveur, du fyftême des Frankliniftes ; mais fi on l'obferve avec attention, on verra qu'elle retourne en
faveur du fyftême de M. l'Abbé Nollet ;
parce qu'on verra que la matière affluente joue fon rôle, pour venir charger
la furface extérieure de la bouteille.
Pour mieux l'appercevoir, il faut s'y
prendre comme il fuit.

Au cercle de métal, de l'expérience
précédente, ne mettez qu'une pointe,
au lieu de trois ; & pendant que vous
tournez le plateau d'une main, appro-
chez de l'autre le bout de votre doigt,
vis-à-vis la pointe obtufe de l'anneau
de la bouteille. Vous verrez alors,
comme dans l'expérience que nous a-
vons citée d'abord, deux aigrettes fe re-
chercher mutuellement, & tellement,
que, de quelque côté que vous tour-
niez votre doigt, l'aigrette de la bouteille fe recourbera fur tous fens, pour
aller traverfer, par le chemin le plus
court, l'aigrette de matière affluente
qui fort du bout de votre doigt, laquelle, quoique plus pâle, eft très-vi-
fible.

Pour

Pour voir donc si c’est la matiere affluente qui contribue à charger la bouteille, il faut faire l’expérience, ayant devant les yeux une montre, ou une pendule à secondes. Si, lorsqu’on présente le doigt devant l’aigrette de la bouteille, elle se charge plutôt que lorsqu’on laisse la pointe obtuse soutirer seule & doucement le fluide répandu dans l’air ambiant; il est visible que c’est la matière affluente qui, en passant par la pointe, avec plus d’abondance, par la proximité du doigt, dès-là-même doit la charger plus vîte: d’où il suit que, dans l’expérience citée par M. Sigaud, la surface extérieure de la bouteille se charge, au lieu de se décharger, ainsi qu’il le prétend.

M. Sigaud, à la suite de ses preuves, rapporte encore un fait qui, au lieu de le favoriser, lui est contraire. A la page 323, il parle ainsi :

» Nous ajouterons cependant ici une
» expérience assez curieuse, en fa-
» veur de la maniere selon laquelle
» nous prétendons, d’après Franklin,
» que la bouteille de Leyde se charge

« d'Electricité. Cette expérience eſt
» de M. Parcieux qui ſoutient très-bien
» la réputation que M. ſon Oncle
» s'étoit acquiſe parmi les Sçavans.
» Electriſez une bouteille propre à
« faire l'expérience de Leyde ; dès
» qu'elle ſera bien chargée d'électri-
» cité , enlevez le crochet de cette
» bouteille , ſoit avec des baguettes de
» criſtal , ſoit avec un bâton de cire
» d'Eſpagne que vous aurez attachée
» à ce crochet ; cela fait : établiſſez
» cette bouteille ſous le récipient de
» la machine pneumatique , & faites
» le vuide , dans l'obſcurité ; dès les
» premiers coups de piſton , vous
» verrez le fluide électrique s'élancer
» de la bouteille , ſous la forme de
» petits jets de lumière qui ſe replie-
» ront à leur ſortie , pour ſe jetter ſur
» la ſurface extérieure de cette bou-
» teille : & cet effet aura lieu , ſi vous
» continuez à faire le vuide , juſqu'à
« ce que la bouteille ſe ſoit déchargée,
« & que le fluide électrique ſe ſoit
» mis en équilibre ſur les deux ſur-
» faces de cette bouteille. »

En vérité , M. Sigaud a-t-il pu ſérieufement prétendre, en cet endroit, donner un échantillon de la manière dont fe charge la bouteille de Leyde, felon la doctrine du Docteur Franklin: fa preuve ne feroit pas même recevable, s'il prétendoit nous donner une idée de la manière dont elle fe décharge ordinairement, & en plein air; puifqu'elle s'y décharge différemment, au moins pour l'apparence, que fous le récipient de la machine pneumatique. Mais examinons cette expérience, & voyons le fait tel qu'il eft : nous verrons qu'il n'eft pas tel que M. Sigaud l'annonce.

Ayant mis nous-mêmes une bouteille électrifée fous notre récipient, nous n'avons pas vu que le fluide électrique s'écou'ât le long de la furface extérieure de la bouteille, en partant de l'orifice : mais nous avons vu, au contraire, qu'il faifoit le demi-cercle, en évitant le col de la bouteille. Au refte cette expérience, qui eft fort agréable, eft plutôt curieufe que concluante pour la queftion préfente; puifque, comme je viens de le remarquer, elle fe fait dans le vuide; & que les expériences ordinaires, dont il s'agit ici, se font en plein air, où l'on voit dans l'obscurité que le fluide intérieur tend principalement en haut, sous la forme d'aigrette : ce qui fait que, tout bien examiné, l'expérience de la bouteille chargée & exposée dans l'obscurité, fournit un argument de plus contre la doctrine de Franklin. Appuyons-le cet argument d'une expérience très-connue ; & faisons-la, non pas dans le vuide, mais en plein air, pour être plus conséquens.

Pout voir si le fluide électrique charge la bouteille ou le carreau, en coulant le long des surfaces du verre ; je couvre entiérement d'une feuille d'étain les deux surfaces d'un carreau, par exemple : (je préfère ici le carreau à la bouteille, à cause qu'il est plus facile à couvrir jusqu'aux bords) : par ce moyen je procure au fluide électrique un écoulement infaillible le long des surfaces. Cependant cet écoulement, loin de contribuer à la charge du carreau, au contraire l'empêche entiérement, ainsi que le sçavent bien les Franklinistes. Il est donc évident que

le carreau, comme la bouteille, ne fe
charge pas par l'écoulement du fluide
électrique le long des furfaces.

N'eft-ce pas pour éviter la communication métallique, & par conféquent
l'écoulement du fluide électrique le
long des furfaces, que les Frankliniftes,
comme tous les électrifans, laiffent
une bordure vuide d'étain aux quatre
côtés des carreaux qu'ils préparent
pour l'expérience de Leyde ? N'eft-ce
pas, pour la même raifon, qu'ils laiffent le col entier de la bouteille fans
aucune garniture ? Comment donc
M. Sigaud a-t-il pu férieufement &
avec un peu d'attention s'engager dans
un pareil argument ?

Voici une autre affertion de M.
Sigaud qui fe trouve encore à la fuite
de fes preuves, & qui n'eft pas plus
conforme à la vérité que la précédente.
Il dit que fi l'on tranfvafe l'eau d'une
bouteille électrifée dans une autre
bouteille non électrifée ; cette nouvelle bouteille non électrifée ne donne
aucun figne d'électricité.

Nous avons répété cette expérience
& nous avons éprouvé, avec M. l'Abbé

Nollet, que cette bouteille donnoit des signes très - marqués d'électricité. Ce fait n'est pas plus concluant pour l'état de la question que celui que nous venons de citer plus haut, page 22 , & si nous le rapportons ici, c'est pour faire voir que la vérité est plutôt pour M. l'Abbé Nollet, que pour ses adversaires : & que , si on en doit conclure quelque chose, ce doit être contre eux, & non pas contre lui. Je passe à l'autre sujet de contestation : à l'imperméabilité prétendue du verre au fluide électrique. Voici comme M. Sigaud traite cet article.

Ce seroit bien ici le lieu de rappeller une question qui fit beaucoup de bruit parmi les Physiciens électrisans, lorsque la théorie de Franklin , encore peu connue, commença à trouver des prosélytes en France ; savoir : « si le » verre est perméable à la matière » électrique. On sçait avec quelle opi- « niâtreté , & on me passera cette » expression, l'Abbé Nollet, dont je » révere, plus que personne, le mé- » rite & les talens supérieurs, en fait » de Physique expérimentale, s'at-

» tacha à combattre l'imperméabilité
» du verre au fluide électrique, & les
« efforts qu'il fit pour prouver qu'il
» passe à travers le verre comme à tra-
» vers les autres corps : mais le peu de
» succès avec lequel il attaqua cette
» propriété du verre, si bien confirmée
» d'ailleurs, & universellement adop-
» tée *de la plus saine partie des Phy-*
» *siciens électrifans*, nous dispense
» d'entrer dans un détail inutile. La
» nécessité de faire communiquer la
» surface extérieure de la bouteille de
» Leyde avec le réservoir commun,
» pour la charger d'électricité : l'im-
» possibilité d'électriser sans cette
» communication : le feu qu'on voit
» s'échapper de cette surface, à me-
» sure que l'électricité s'accumule sur
« la surface opposée : l'accumulation,
» si on peut s'exprimer ainsi, de cette
» matière sur la surface intérieure de
» la bouteille, confirmée par l'*Ana-*
» *lyse* que nous en avons faite (1);

------

(1) L'*Analyse que nous avons faite* : c'est la fausse
expérience de l'eau transvasée, dont j'ai parlé plus
haut, qu'il appelle l'*Analyse* de la bouteille : expression choisie & relevée, qui se ressent de la sublime
théorie.

« Ceux néanmoins qui desireront
» voir cette question traitée avec un
» certain développement , pourront
» consulter le Traité d'Electricité que
» je publiai en 1771 , au dix - neu-
» vième chapitre, qui est entiérement
« consacré à cet objet.

Voilà ce que dit M. Sigaud sur
l'imperméabilité du verre au fluide
électrique ; & pour donner plus de
poids à cette erreur, il dit comme à
son ordinaire : qu'elle est adoptée de
la *plus saine partie des physiciens* ;
& ajoute, *qu'elle trouve aujourd'hui
peu de contradicteurs.* Il fait bien de
l'honneur à M. l'Abbé Nollet, dont il
révere, à ce qu'il dit, plus que personne, le mérite & les talens supérieurs, en fait de Physique expérimentale , de l'exclure de *la plus saine
partie des Physiciens*, comme de la
plus commune ; & de traiter d'opiniâtreté la patience qu'il eut à vouloir
» sont autant de preuves plus con-
» vaincantes les unes que les autres de
» cette vérité, qui trouve peu de con-
» tradicteurs actuellement. »

éclairer des gens qui fermoient les yeux volontairement, & qui étoient décidés à cabaler contre lui, espérant se faire un nom, en donnant dans des systêmes de nouveauté : comme si la vérité n'étoit pas toujours la même : comme si l'esprit de nouveauté pouvoit la faire changer ; venons au fait.

M. l'Abbé Nollet, d'après l'expérience, soutient que le fluide électrique passe à travers le verre ; mais avec certaine modification : c'est-à-dire avec certaine difficulté, & non avec la facilité avec laquelle il passe à travers les autres corps ; & c'est en quoi M. Sigaud semble user de mauvaise foi à l'égard de M. l'Abbé Nollet, lorsqu'il dit, dans l'endroit que je viens de citer, qu'il fit ses efforts pour prouver que le fluide électrique passoit à travers le verre, comme à travers les autres corps. En effet M. Sigaud n'ignoroit pas que M. l'Abbé Nollet y mettoit une différence ; & il avoit lu lui-même la quatrieme lettre de ce grand Physicien, sur la perméabilité du verre, qui est adressée au Docteur Franklin, & dont les pre-

nières paroles décelent la mauvaife
foi de fon adverfaire. Cette lettre
commence ainfi :

» Que le verre, en comparaifon
» des métaux, des corps vivans, &c.
» s'électrife difficilement, par com-
» paraifon ; ou, ce qui eft la même
» chofe, que la matiere électrique fe
» meuve avec peine dans l'épaiffeur
» du verre qui n'eft point frotté ; c'eft
» un fait fur lequel tout le monde eft
» d'accord, depuis long - temps ; &
« vous pouvez voir, Monfieur, par
» la lecture de mes Ouvrages, que
» j'ai fouvent compté fur cette vétité,
» en me fervant de fupports de verre
» pour ifoler les corps auxquels je
» voulois communiquer l'électricité :
» mais que le verre ne foit jamais pé-
» nétré dans toute fon épaiffeur par la
» matiere électrique qui vient des
» autres corps, qu'on ne puiffe en
» faire paffer de l'une de fes furfaces
» à l'autre, fans établir entr'elles une
» communication extérieure par d'au-
» tres corps électrifables ; c'eft une
» opinion qui eft toute à vous, comme
» je l'ai déjà dit, & dont j'ofe entre-

» prendre de vous faire revenir, en
» vous proposant des expériences qui
» ne me paroissent pas pouvoir, en
» aucune façon, se concilier avec ce
» systéme; & en vous alléguant des
» raisons qui me semblent très-fortes.
  » Je vous avoue franchement que
» la plume ou la petite feuille de mé-
» tal que l'on a suspendue dans un vais-
» seau de verre, scellé hermétique-
» ment, ou comme tel ; & que l'on
» fait mouvoir en approchant un tube
» ou un autre corps électrisé, m'a
» paru & me paroît encore un fait dé-
» cisif, pour prouver que la matière
» électrique passe du déhors au dedans
» du vaisseau, par l'épaisseur du verre
« qu'elle traverse, &c. »

Par ce morceau de la lettre de M.
l'Abbé Nollet, on voit clairement
qu'il ne donne pas le verre perméable
au fluide électrique, comme les métaux & autres corps électrisables. D'où
vient donc que M. Sigaud impute à
M. l'Abbé Nollet un sentiment contredit dès le commencement d'une lettre imprimée, & qu'il a lue plusieurs
fois ? D'où vient présente-t-il, dans

fon Livre, le fentiment de M. l'Abbé
Nollet, fous un afpect défavorable, en
omettant une reftriction qu'il ne pouvoit ignorer ? Encore une fois, on ne
peut fe défendre contre le foupçon de
mauvaife foi ; & la fupercherie paroît
vifiblement. La candeur de M. l'Abbé
Nollet étoit bien éloignée d'une pa-
reille conduite : moi, je reviens à l'état
de la queftion.

Laiffant à part la preuve convaincante de M. l'Abbé Nollet que je viens
de citer, & les autres qui la fuivent,
pour ne point répéter des chofes qu'on
peut voir dans fon livre, & auxquelles
je renvoie ; je me contenterai d'ajouter
ici quelques faits qui prouvent la même vérité contre M. Sigaud & fes par-
tifans les Frankliniftes ; favoir : que le
verre, en général, eft perméable au
fluide électrique.

Pour mettre quelque ordre dans cette
queftion, je confidere le verre en trois
états différens ; favoir : premierement, dans le mouvement intime de
fes parties par le frottement. Secondement, dans le vuide. Troifiemement,
dans fon état naturel, & tel qu'il eft

dans l'ufage de la bouteille de Leyde
des carreaux, &c.

Dans le premier état le fluide électrique pénetre avec affez de facilité le
verre même épais : en voici une preuve
qui eft fous les yeux de tout Electrifant.
Lorfque, dans l'obfcurité, on tourne
le plateau d'une main; fi, de l'autre
main, on préfente le doigt vis-à-vis
d'une pointe donnée d'une des bran-
ches du conducteur, & de l'autre côté
du plateau : on voit auffi-tôt le feu
électrique s'accumuler fur cette pointe
d'une manière fort fenfible. Dira-t-on
que le fluide ne paffe point à travers la
glace du plateau, mais qu'il s'écoule,
fans qu'on le voie, le long de la furface, pour faire le tour de l'autre côté
du plateau, & pour aller, par le chemin le plus court, affiler le conducteur.

Je demande alors, 1°. Pourquoi
devient-il invifible ? 2°. Pourquoi, s'il
fe trouve une autre pointe du conducteur dans le chemin qu'on lui fuppofe
parcourir, n'affile-t-il point cette
pointe qui fe trouveroit à fon paffage,
& qui lui abrégeroit fon chemin ? Il

eſt donc clair que le fluide électrique
paſſe à travers le verre, même épais,
dans l'état de frottement, puiſqu'il traverſe le plateau , & avec une promp-
titude qui dénote aſſez qu'il le traverſe
avec certaine facilité.

Dans le ſecond état, dans l'état du
vuide, le fluide électrique paſſe auſſi
avec aſſez de facilité à travers l'épaiſſeur du verre : on en voit la preuve
dans le tube communiquant qui ſe
trouve rempli de lumière à l'approche
de l'étincelle électrique, quoiqu'il ſoit
fermé hermétiquement, dans toute la
force du terme. J'ai éprouvé la même
choſe dans le baromètre lumineux,
en approchant le crochet de la bouteille électriſée, ou l'étincelle électrique de ſa partie ſupérieure & vuide
d'eau. Ces deux preuves reviennent à
la cinquième dont M. l'Abbé Nollet
ſe ſert contre le docteur Franklin ; c'eſt
celle du Matras vuidé d'air, par le
moyen d'un récipient percé & fermé
hermétiquement au chalumeau : il
faut être bien entêté ſoi-même pour
réſiſter à de pareilles preuves ; & M.
l'Abbé Nollet s'eſt donné bien de la

peine pour vaincre l'opiniâtreté de ſes adverſaires.

Dans le troiſieme état du verre, qui eſt celui de la bouteille de Leyde, du carreau, &c. il eſt encore viſible que le fluide électrique paſſe à travers l'épaiſſeur du verre. Voici quelques experiences qui le prouvent.

Prenez un tube d'environ un pied de long, d'un pouce de diamêtre & fermé hermétiquement par le bas: qu'il ſoit revêtu d'une garniture de métal, depuis le bas, juſqu'à environ quatre pouces de hauteur : le milieu étant ſans garniture, qu'il en ait une ſeconde d'environ trois pouces de hauteur, à deux pouces au-deſſous de l'orifice. Mettez dedans de la limaille de fer juſqu'au haut de la garniture du bas ; puis vous y enfoncerez une tige de métal terminée, par en haut, à la maniere des tiges des bouteilles pour l'expérience de Leyde ; alors prenant ce tube d'une main par la garniture du bas, & l'approchant du conducteur, par ſon crochet, vous tournez le plateau de l'autre main, & vous chargez ce tube. Lorſqu'il eſt ſuffiſamment

chargé, vous le prenez par la garniture du haut avec la main qui tournoit
le plateau, ensuite de l'autre main vous
touchez à la garniture du bas, où vous
ne tirez rien de sensible : mais si, dans
le même instant, vous portez votre
doigt au crochet de la tige, pour le
reporter aussi-tôt à la garniture du bas,
alors vous tirez deux étincelles : la
première au crochet, la seconde à la
garniture du bas. Vous pourrez, sans
charger de nouveau, répéter la même
expérience, jusqu'à ce que par un
nombre d'étincelles le tube se trouve
épuisé d'Electricité, ou à peu-près.

Or il est visible, par cette expérience, que le fluide électrique passe
subitement à travers le tube par réac-
tion & le contrecoup du même fluide
qui ébranle les parties intimes du
verre : c'est ce contre-coup, cette réac-
tion, qui contribue à donner de l'énergie à la commotion dans l'expérience
de Leyde. On ne dira pas ici que l'é-
tincelle qu'on tire par le bas du tube,
vient du fluide intérieur qui, de l'orifice, s'écoule le long du tube à l'extérieur, pour venir à la garniture du

Notez
ceci pour
l'expli-
cation
de la
Commo-
tion.

bas ; puifque la garniture qui eſt dans
le haut , communiquant à la main de
la perſonne qui le tient , remettroit
au réſervoir commun le fluide qui en
pourroit venir , avant qu'il eût pu par-
venir à la garniture du bas.

Voulez vous une ſeconde expérience qui prouve la même choſe.
Ayez une bouteille de Leyde ordinaire
garnie un peu bas , & dont le col ſoit
long : qu'elle ait entre la garniture &
le haut du col , vers le milieu , une
ſeconde garniture d'environ un pouce
de hauteur. Paſſez le col de la bouteille dans un anneau qui tombe ſur
cette petite garniture ; & attachez à
cet anneau une chaîne , ou un fil de
fer qui ait aſſez de longueur , pour
communiquer à la muraille ; au réſervoir commun. La bouteille étant
dans cet état , & ſuſpendue au conducteur , tournez le plateau , d'une
main , & de l'autre touchez à la garniture extérieure de la bouteille ,
pour la charger. Lorſqu'elle eſt chargée ôtez votre main ; & laiſſez la bouteille iſolée. Alors , obſervant l'écartement des boules de l'Electromêtre ,

du conducteur, portez votre main
à la garniture inférieure de la bouteille
isolée : & vous verrez l'écartement
des boules augmenter sensiblement ;
ce qui prouve que la matiere affluente
du doigt qui touche au bas de la bouteille, passe réciproquement à travers
son épaisseur pour aller de l'extérieur
à l'intérieur.

C'est à raison de cette effluence &
affluence réciproque, jointe à la réac-
tion dont nous venons de parler, que
le Neveu de M. Sigaud, son successeur
dans la Chaire de l'Université, M.
Roulland, éprouva la commotion dans
l'expérience que M. son Oncle cite,
à la page 666 de son précis. » M.
» Roulland, dit-il, a chargé deux
» bouteilles, l'une positivement &
» l'autre *négativement* : » (qu'on me
passe ce terme ; quelque ridicule qu'il
doive paroître, c'est celui des Franklinistes). Alors, ayant pris une bouteille de chaque main par la panse, &
ayant approché les deux crochets : M.
Sigaud nous dit que M. Roulland
éprouva une commotion ; mais M.
Sigaud ne nous dit point l'étonnement

dans lequel dût se trouver M. son Neveu, en recevant la commotion à laquelle il ne devoit pas s'attendre, s'il étoit Frankliniste comme M. son Oncle. Car, dans leurs principes, il ne devoit pas la recevoir, pour deux raisons. La première, parce qu'ils soutiennent que le verre est absolument imperméable au fluide électrique. La seconde, parce que dans l'explication qu'ils donnent de la commotion, ils disent qu'elle naît de ce que le fluide intérieur & surabondant de la bouteille, tendant fortement à l'équilibre, est forcé de traverser le cercle de communication, pour aller remplir la place vuide de l'extérieur de la bouteille : &, par conséquent, de traverser le corps de celui qui se rencontre dans le cercle. C'est-là, disent ces Messieurs, la cause de la commotion. Mais dans l'expérience ci-dessus, si le fluide électrique a passé dans le corps de M. Roulland, & lui a donné la commotion, c'est qu'il l'a bien voulu : rien ne l'y forçoit, puisque M. Roulland n'étoit pas dans le cercle. Il auroit dû au moins respecter un Frankliniste, &

ne pas l'expoſer à une révolution dans le ſang, par une ſurpriſe de cette eſpece.

Il faut l'avoüer, **M.** Sigaud n'a pas réfléchi, en citant cet exemple & quelques autres de l'Electrophore que nous allons bientôt rapporter. Pour l'honneur du parti, il auroit dû faire le petit ſacrifice de la gloire qu'il a voulu procurer à **M.** ſon Neveu, en l'annonçant comme l'Auteur de ces expériences : l'avantage d'un particulier, ſur-tout lorſqu'il eſt mince, doit céder au bien & à l'avantage de tout un corps.

Badinage à part : ſi on rapproche la théorie que ſoutient **M.** Sigaud, des expériences qu'il attribue à **M.** ſon Neveu, ſur l'Electrophore, il eſt clair que l'expérience eſt contre lui-même, puiſqu'il propoſe lui-même ces expériences, dans ſes principes ; & pour favoriſer le Syſtême du parti.

A la Page 665 du précis, voici ce que dit **M.** Sigaud : « l'Electrophore
» étant bien électriſé, peſez-le ſur
» un ſupport de verre, pour qu'il ſoit
» iſolé, poſez deſſus ſon conducteur ;

» & enlevez-le après avoir touché les
» deux corps, comme nous l'avons
» dit ci-deffus (1) ; & vous tirerez
» alors une étincelle du conducteur,
» & une femblable du plan réfineux,
» en approchant le doigt d'un des
» points de fon bord métallique. Cet
» effet fe réitere auffi autant de fois
» qu'on le juge à propos, en pofant
» & en enlevant, à chaque fois le con-
» ducteur de deffus le plan réfineux.
» Ce plan & fon conducteur, con-
» tinue M. Sigaud, donnent donc
» l'un & l'autre une étincelle élec-
» trique ; mais cette étincelle n'eft pas
» de même efpece, parce que les
» ces deux corps font dans deux états
» d'électricité bien différens : l'un eft
» dans un état d'électricité pofitive, &

---

(1) *Comme nous l'avons dit ci-deffus* : effectivement, à la page 661 ; M. Sigaud dit que pour tirer des fignes d'Electricité de l'Electrophore, il faut toucher avec le pouce & avec le doigt index, & le plan métallique & le conducteur. Mais M. Sigaud paroît en cette occafion ne pas avoir l'ufage de l'Electrophore, car, pour en tirer une étincelle, il n'eft pas néceffaire de toucher le plan métallique ; mais il fuffit de toucher le conducteur. M Roulland auroit bien dû avertir M. fon Oncle de cette erreur qui eft effentiel dans la théorie de l'Electrophore.

» l'autre dans un état d'électricité né-
» gative : ce que M. Roulland, que
» j'ai cité ci-deſſus, a démontré, par
» une expérience auſſi ſimple que
» convaincante : » (*c'eſt l'expérience
des deux bouteilles dont j'ai parlé ci-
deſſus.*)

Ainſi parle M. Sigaud : mais je demande ſi l'étincelle qu'on tire ſelon
lui du plan réſineux, de quelqu'œil
qu'on la regarde, n'eſt pas un feu électrique : & puiſque c'eſt le plan réſineux qui la donne, ſelon lui ; le plan
réſineux eſt donc chargé de feu électrique, & n'en eſt pas privé ; *car on
ne donne point ce qu'on n'a point.* Mais
M. Sigaud a donc oublié qu'il a défini
lui - même l'Electricité qu'il appelle
négative, & qu'il attribue au plan réſineux une privation de feu électrique,
même naturelle ; & que ſa *ſublime théorie* eſt appuyée ſur ce principe. Voici
ſes paroles à la page 303 :

« On appelle donc Electricité né-
» gative, ou en moins le déchet, vu
» ce qui manque à un corps de ſon
» Electricité naturelle.

Ainſi donc Electriſer un corps poſi-

„ tivement, ou en plus, c'est lui donner
» une quantité de matière électrique,
» furabondante à celle qu'il contient
» naturellement.

» Page 304. M. Sigaud dit: mais ce qui
» paroît, fans doute, fingulier au pre-
» mier afpect, & ce qui aura l'air
» d'un paradoxe ridicule, c'est qu'une
« fubftance vitrifiée & propre à faire
» éprouver la plus violente commo-
» tion, ne contient point pour cela
» une plus grande dofe d'Electricité,
» que celle qui lui convient, & qu'elle
» contient naturellement avant d'être
» électrifée. Or c'est fur ce paradoxe
» qu'est fondée toute la théorie du
« docteur Franklin : c'est ce paradoxe
» que nous nous propofons de mettre
» dans tout fon jour, & d'établir
» comme une vérité incontestable,
» en fait d'électricité.

» Pour mettre cette fublime théorie
» dans tout fon jour, &c.

A la Page 307, il dit encore : » L'in-
» térieur de la bouteille, lorfqu'on
» l'électrife, reçoit donc une dofe fur-
» abondante de fluide électrique, &
» c'est encore une vérité dont tout le

» monde convient. La bouteille con-
» tient donc alors plus que sa dose,
» plus que sa quantité naturelle d'é-
» lectricité ; point du tout : & c'est
» ici où se trouve le nœud de la diffi-
» culté. A mesure, à proportion que
» cette bouteille reçoit intérieure-
» ment une nouvelle dose d'électri-
» cité, qui se réunit à sa quantité pro-
» pre & naturelle de fluide élec-
» trique, elle se dépouille extérieure-
» ment & dans la même proportion,
» d'une partie de fluide qui appartient
» naturellement, & qui réside à sa
» surface extérieure : elle perd donc
» autant à l'extérieur qu'elle acquiert
» à l'intérieur ; & conséquemment,
» lorsqu'elle est disposée à donner la
» commotion, la totalité de cette
» bouteille ; ou les deux surfaces de
» cette bouteille prises ensemble, ne
« contiennent pas plus d'électricité
» qu'elles n'en contenoient avant l'opé-
« ration, avant qu'on l'eût électrisée ;
» & c'est en cela seul que consiste
» toute la théorie du docteur Fran-
» klin. »

Par cet extrait de M. Sigaud, où
nous

nous avons renfermé le précis du Franklinisme, on voit que l'Electricité négative est, selon M. Sigaud, ainsi que nous l'avons avancé cy-dessus, une négation de feu Electrique, puis donc qu'il dit ailleurs que le plan métallique, qui, selon lui, est en Electricité négative, donne du feu Electrique; il faut conclure qu'il est en contradiction avec lui-même; avec ses propres principes: ceci est de la premiere évidence, & ne merite pas une plus longue discussion.

Voici encore une autre Expérience de M. Rouiland, qui renferme une nouvelle contradiction. M. Sigaud la raporte triomphant, & comme en donnant le dernier coup à ses adversaires. Voici ses termes à la Page 670.

» Suspendez, suivant la méthode
» de M. Canton, deux petites boulettes
» de sureau, aux extrémités d'un fil
» très fin, & trempé dans de l'eau
» gommée. Attachez ce fil, avec un
» peu de cire molle, à la boule qui
» termine le conducteur d'une machi-
» ne Electrique, de façon que les deux
» fils, pendants librement, & paral-

C

» lement entreux , les 2 boules se tou-
» chent.

» Voulez-vous vous assurer que l'é-
» lectricité du plan résineux est néga-
» tive , ou qu'il est électrisé négative-
» ment? Voici de quelle maniere il
» faut procéder.

» Electrisez la bouteille , non au
» conducteur de l'Electrophore ; mais
» bien au plan résineux ; en suivant
„ la methode indiquée cy-dessus :
„ (c'est-à-dire , en l'isolant) portez la
„ boule qui termine la tige de cette
» bouteille contre le conducteur de
» la machine Electrique ; & vous
» verrez aussitôt les deux boules s'é-
» carter : mais cet écartement ne sera
„ pas dû à une Athmosphere d'Elec-
„ tricité positive , qui puisse être aug-
„ mentée par l'affluence de celle que
„ peut leur fournir la glace de la ma-
„ chine ; mais il sera l'effet d'une Elec-
„ tricité négative directement opposée
„ à celle que le mouvement de la glace
„ peut produire. En voulez-vous voir
„ la preuve ? La voici : faites tourner
„ la glace de la machine ; mais avec
„ la plus grande modération : Qu'arri-

„ vera-t-il alors ? les deux boules rece-
„ vant une dofe d'Electricité pofitive,
„ leur Electricité négative fera dé-
„ truite ; leur écartement ceffera ; &
„ elles fe raprocheront l'une de l'au-
„ tre. Si, lorfqu'elles font parvenues
„ au point de contact, vous continuez
„ à faire àgir la machine, elles rece-
„ vront alors une dofe d'électricité po-
„ fitive ; & vous les verrez s'écarter
„ encor. Il eft donc évident que la
„ bouteille s'électrife négativement,
„ par le gateau réfineux : & confe-
„ quemment, que ce gateau & fon
„ conducteur, font dans deux états
„ oppofés d'Electricité. "

Dans cette expérience de M Roulland ; M. Sigaud convient que
dans l'Electricité qu'il apelle négative, les boules de l'électrometre s'e-
cartent. Or, je demande fi l'athmosphere, qui occafionne leur écartement, ainfi que je l'ai fait remarquer
plus haut, peut être regardée comme l'effet d'une négation de matiere
électrique, & d'un vuide d'électricité : cela ne répugne-t-il pas ?

Si une athmofphere furmonte l'autre, n'eſt-il pas clair que c'eſt un feu qui agit ſur un autre feu ; qui lui eſt analogue, ſur lequel il a priſe, & auquel il eſt oppoſé? Cela ne nous ramene-t-il pas naturellement au phénomêne palpable que j'ai cité d'abord, & qui fait la baſe de tout le ſyſtême électrique ; je veux dire à l'expérience des deux aigrettes opppoſées, qui ſe traverſent l'une l'autre, en ſens contraire, dont l'une plus vive & plus forte que l'autre ; & ſur leſquelles M. Nollet établit, avec raiſon ſon ſyſttême de matiere effluente & affluente.

Mais je reviens à la queſtion du préſent article, à la perméabilité du verre au fluide électrique, dont je me ſuis écarté, par la réflexion qui ſe préſentoit naturellement ſur les expériences de M. Roulland.

Meſſieurs les Franckliniſtes objectent & diſent : voici une experience qui prouve que le verre eſt imperméable au fluide électrique. Si on charge un carreau ſur lequel il y ait une lame de verre ; en vain tentera-t-on de faire paſſer la déchar-

ge du carreau à travers cette lame , &
l'explosion n'aura point lieu , quoiqu'on pose la boule de l'excitateur sur
le milieu de cette lame : il est donc
visible, concluent-ils, que le verre est
imperméable au fluide électrique.

Je réponds, qu'à la vérité l'explosion du carreau n'a point lieu ; mais
il ne s'ensuit pas que le fluide ne passe point à travers la lame de verre :
au contraire la décharge du carreau
qui a lieu, en très peu de secondes,
en est une preuve. Il est vrai que le
fluide concentré se trouvant embar-
rassé & retardé , par les pores du
verre, à travers lesquels il passe a-
vec certaine difficulté , ainsi que nous
l'avons remarqué plus haut, est forcé de se filtrer, & de se tamiser, par
l'endroit du contact de la boule de
l'éxcitateur , & par les pores les plus
voisins (1) ; filtration, qui , en le re-

-----

(1) *Par l'endroit du contact :* si on fait l'expérience
dans l'obscurité, on voit le fluide électrique passer à
travers le verre, à l'endroit du contact & aux parties
voisines : mais le feu qu'on voit, étant extrêmement
affoibli par la tamisation, pour me servir du terme,
ne paroît que sous une couleur pâle, semblable à celle
des aigrettes qui sortent du conducteur.

tardant, doit naturellement l'empêcher de fortir dans l'état de concen-
tration : ce qui fuffit pour que l'explofion n'ait pas lieu : à moins qu'on
ne fuppofe la charge de fluide affez
forte, pour forcer fon crible, & pour
faire un trou au verre.

Il n'en feroit pas de même, fi la
lame de verre étoit garnie d'une
feuille d'étain, comme le carreau :
parce qu'alors le fluide, fe tamifant
à travers le verre, tout à la fois,
dans tous les endroits du contact de
la garniture, comme dans l'expérience de Leyde : & fe trouvant raf-
femblé auffitôt en un feul point, par
la garniture, qui fait fonction de
conducteur, paffe à la boule de l'excitateur, dans l'état de concentra-
tion : & alors on voit une explofion
avec la décharge fubite du carreau :
mais cette explofion & cette décharge font proportionnées au nombre
de pores qui ont été donnés immé-
diatement au fluide pour fon paffage :
je veux dire, à la grandeur, à l'étendue de la garniture de la lame de
verre.

Concluons donc que l'expérience qu'objectent ici les Franckliniftes, contre la perméabilité du verre au fluide électrique, étant confidérée avec attention, fournit encore un argument de plus en fa faveur : & la confirme au lieu de l'infirmer.

Nous y ajoutons encor une expérience, qui renferme une nouvelle preuve de la perméabilité du verre au fluide électrique.

Prenez une bouteille de Leyde ordinaire : fufpendez-la au conducteur par fon crochet : & tournant d'ue main le plateau, de l'autre portez votre doigt à la garniture extérieure de la bouteille ; alors vous en tirerez une étincelle auffi foite que celle du conducteur : ce que vous pourrez réitérer autant de fois que vous le jugerez à propos, pendant tout le temps que vous foutiendrez l'électrifation. Or en réfléchiffant que la bouteille, étant de verre, ne peut fervir de conducteur, à caufe que fa partie fupérieure, que fon col eft fans garniture métallique, on doit fentir & voir clairement qu'elle n'en

peut faire la fonction qu'en conſe-
quence de la perméabilité.

En effet l'écoulement de fluide é-
lectrique qu'un Frankliniſte ſuppoſe-
roit le long du col n'en pourroit jamais aſſez fournir , pour égaler la
quantité de celui que peut fournir
un conducteur ordinaire : autrement
il faudroit dire : le verre peut ſervir
de conducteur égal aux conducteurs
de métal , ce qui eſt abſolument contraire à l'expérience & ce qu'aucun
électriſant ne pourra jamais dire.
Comment donc ſe fait-il que la bouteille, qui eſt un corps idioélectrique,
ſoit alors devenue en apparence un
électrique : c'eſt-à-dire conducteur
ſemblable à nos conducteurs de métal ? La raiſon n'en eſt pas difficile à
trouver , d'après ce que nous venons
de répondre à l'objection des Frankliniſtes , au ſujet de la lame de verre
ci-deſſus ; car un phénomène bien
ſaiſi ſert d'explication pour un autre ;
puiſque les differens faits tiennent
ſouvent à un même principe.

La cauſe donc de ce phénomène,
eſt que la perſonne qui touche à un

point de la garniture extérieure de la bouteille reçoit, & doit recevoir autant de feu électrique , par l'endroit du contact, que si elle touchoit à la fois tous les endroits, où la garniture est en contact avec la bouteille ; à cause que cette garniture métallique , faisant fonction de conducteur véritable & proprement dit, rassemble en un instant , dans le point du contact du doigt, tout le feu électrique qui se filtre à travers la bouteille , dans toute l'étendue du contact de la feuille d'étain. Le doigt de la personne qui touche la bouteille doit donc recevoir beaucoup plus de fluide que n'en peut fournir le verre , à titre de conducteur : mais aussi il ne peut le recevoir , qu'en vertu de la perméabilité du verre au fluide électrique.

On sent bien qu'il n'en seroit pas de même si la bouteille étoit sans garniture extérieure ; parce qu'alors privée de conducteur, comme dans l'expérience de la lame de verre dont nous venons de parler plus haut , il ne pourroit sortir sur le doigt que le

feu qui peut se tamiser à travers la
bouteille, à l'endroit du contact du
doigt, & aux parties les plus voisines:
feu qui dès-là même doit être pâle
& très peu sensible; mais assez cependant, pour être apperçu, lorsqu'on
fait l'expérience dans l'obscurité ainsi que peuvent s'en convaincre Messieurs les Franklinistes.

Il est étonnant que cette expérience
de la bouteille isolée qui est une des
plus belles & des plus frappantes ne leur
ait pas ouvert les yeux, s'ils sont dans
la bonne foi : car elle conduit nécessairement à la perméabilité du verre : &
il est impossible de l'expliquer sans
contradiction , si le verre n'est pas
perméable au fluide électrique.

Voici une question qu'on peut faire sur ce sujet. Si le verre est perméable au fluide électrique ; & si la commotion, dans l'expérience de Leyde
reçoit de l'énergie de cette perméabilité ; il s'ensuit qu'une bouteille de
verre épais, toutes choses égales d'ailleurs, ne doit pas donner une si forte commotion , qu'une bouteille d'un
verre mince ; puisque la bouteille d'un

verre épais donne plus de pores à traverser à la matiere électrique, que la bouteille de verre mince. Or ceci est-il conforme à l'expérience? la bouteille de verre mince donne-t-elle une plus forte commotion?

Je réponds que ce raisonnement est juste; & que l'expérience, en le favorisant, donne encore de ce côté-là une nouvelle preuve de la perméabilité du verre au fluide électrique. En effet, la bouteille de verre mince donne de plus fortes commotions que la bouteille de verre épais, comme celui des caraffes ordinaires: toutes choses égales d'ailleurs. C'est une chose reconnue universellement; & confirmée par l'usage & le choix que font les électrisants de bouteilles de verre mince, préférablement à celles de verre double. Il est vrai que M. Sigaud prescrit indifféremment des verres épais; des verres de glaces ordinaires, pour faire des carreaux électriques; mais c'est une chose de plus à corriger dans son livre.

Voici encore une question qui tient à la perméabilité du verre au

fluide électrique. Si le verre eſt perméable au fluide électrique , dira-t-on,
il ſuit qu'une bouteille mince, favora-
ble d'ailleurs pour la commotion ,
ne le ſera pas autant pour conſerver
l'Electricité , qu'une bouteille d'une
certaine épaiſſeur , parce qu'il aura
moins de peine à traverſer une bouteille mince pour s'aller perdre dans
le réſervoir commun, qu'à paſſer à
travers d'une bouteille qui ne ſoit pas
ſi mince.

Je réponds que l'expérience ſemble
encore confirmer ce raiſonnement.
En effet, j'ai conſervé l'Electricité
beaucoup plus long-temps dans une
bouteille de verre verd & d'une épaiſſeur médiocre, que dans une bouteille
de criſtal fort mince, quoiqu'elle fût
plus grande , & qu'elle dût dès-là même contenir une plus grande quantité
de fluide. Mais en voilà aſſez ſur la perméabilité du verre au fluide électrique;
je paſſe maintenant à un autre point
de conteſtation que j'ai encore trouvé
entre M. l'Abbé Nollet & M. Sigaud :
c'eſt l'article des points lumineux com-
parés aux aigrettes.

A la page 194 M. Sigaud dit que les aigrettes se changent en points lumineux, selon le chemin qu'on fait prendre à la matiere électrique. Dans cet endroit il n'a d'autre but que de donner à entendre que ce feu qu'on voit sous la forme d'aigrette, au bout de la pointe obtuse d'une tige de métal électrisée, est le feu électrique sortant par cette pointe : comme le feu qu'on y voit sous la forme de points lumineux, lorsqu'on la présente au conducteur dans sa sphere d'activité, n'est autre chose que le feu électrique entrant par cette pointe. Il ajoute, comme à son ordinaire, que c'est un fait reconnu de la plupart des *Electriciens*. A ce fait, qu'il entend fort mal, il dit qu'on doit apporter une attention particuliere à cause de la multitude d'applications importantes auxquelles il se prête : mais si ce fait est susceptible, ainsi qu'il le dit, d'applications importantes, c'est une raison de plus de le bien entendre ; & de l'entendre autrement que M. Sigaud, & *que la plus saine partie des Electriciens* avec lui. Pour nous, sans nous laisser éblouir de

Les points lumineux comparé aux aigrettes

l'autorité de la plus faine partie des Electriciens de M. Sigaud ; nous penfons avec M. l'Abbé Nollet que les points lumineux qu'on voit au bout d'une pointe obtufe plongée dans l'Athmofphere d'un conducteur électrifé, ne font autre chofe qu'un feu fortant de la pointe obtufe, & qu'on peut regarder comme une petite aigrette, puifque c'eft la matiere affluente du réfervoir commun qui fort par cette pointe. Comme elle eft moins abondante & moins concentrée que la matiere de l'Athmofphere électrique, que la matiere effluente ; il n'eft pas étonnant qu'elle ne paroiffe que foiblement, & qu'au lieu de former une aigrette ordinaire, elle ne préfente qu'un point lumineux : puifque l'Athmofphere de nos machines électriques n'eft pas ordinairement affez confidérable pour occafionner une affluence de fluide fuffifante pour fortir fous la forme d'aigrettes femblables, c'eft-à-dire auffi fortes que celles de la matiere effluente de nos conducteurs.

Il n'en feroit pas de même, fans

doute, fi l'expérience fe faifoit en grand,
comme fi l'on préfentoit une pointe
obtufe à la corde métallique d'un
cerf-volant dans un temps fort orageux:
parce qu'alors, au lieu d'un point lumineux, on devroit appercevoir, dans
l'obfcurité, une aigrette relative à la
force de l'orage. Nous n'avons pas
fait, à la vérité, cette expérience, (&
nous n'avons pas été dans le cas de la
faire) ; mais notre conjecture eft
fondée fur un fait qui doit tenir lieu
de preuve, & qui doit fermer la
bouche aux Frankliniftes. Le récit de
ce fait doit paroître d'autant moins
fufpect d'efprit de parti & de prévention fur les fyftêmes électriques, qu'il
eft de perfonnes qui n'en n'avoient aucun, & qui vivoient dans un temps
où l'Electricité n'étoit pas encore connue. Il eft extrait des mémoires du
Comte de Forbin, & eft rapporté à
la page 229 des Lettres de M. l'Abbé
Nollet fur l'Electricité. Dans cet endroit il ne traite point la queftion des
points lumineux, mais feulement l'a-
nalogie de la matiere du tonnerre avec
celle de l'Electricité : ce qui fait que

là conféquence que nous tirons ici doit
être regardée comme une preuve neu-
ve & non une répétition de celle de
M. l'Abbé Nollet : voici le fait, c'eft
le Comte de Forbin qui parle.

» Pendant la nuit il fe forma tout-
» à-coup un temps très-noir, accom-
» pagné d'éclairs & de tonnerres épou-
» ve-tables. Dans la crainte d'une
» grande tourmente dont nous étions
» menacés, je fis ferrer toutes les voi-
» les : nous vîmes fur le vaiffeau plus
» de trente feux S. Elme ; il y en
» avoit un, entr'autres, fur le haut de
» la girouette du grand mât qui avoit
» plus d'un pied & demi de hauteur :
» j'envoyai un matelot pour le def-
» fcendre : quand cet homme fut en
» haut, il entendit ce feu faire un
» bruit femblable à celui de la poudre
» qu'on allume, après l'avoir mouillée :
» je lui ordonnai d'enlever la girouette,
» & de venir ; mais à peine l'eut-il
» ôtée de fa place que le feu la quitta,
» & alla fe pofer fur le bout du mât,
» fans qu'il fût poffible de l'en retirer :
» il y refta affez long-temps & jufqu'à
» ce qu'il fe confumât peu à peu, »

Par ce récit qui revient à ce que M. Sigaud avoue lui-même, à la pag. 423, on voit clairement que ce prétendu feu S. Elme, qui fortoit par le haut du grand mât avec bruiffement, n'étoit autre chofe qu'une aigrette de feu électrique, de plus d'un pied & demi de long : & puifque le mât repréfentoit en grand une pointe plongée dans la fphere d'aftivité de l'Athmofphere électrique, étant plongé dans l'athmofphere des nuages électrifés ; il fuit que M. l'Abbé Nollet a raifon, lorfqu'il dit que les points lumineux qu'on voit au bout des pointes plongées dans la fphere des conducteurs électrifés, font de petites aigrettes, c'eft-à-dire, un feu fortant véritablement par la pointe en queftion.

D'après ceci on n'aura pas de peine à croire que M. l'Abbé Nollet ait reconnu, à la loupe, que les points lumineux de nos machines électriques font des aigrettes véritables.

M. Sigaud lui-même femble le reconnoître, & il paroît fe contredire encore fur cet article. Voici ce qu'il dit à la page 194.

« Les points lumineux se changent
» en aigrettes, selon le chemin qu'on
» fait prendre au fluide électrique.
» En effet, tenez à la main, par son
» gros bout, une tige de métal poin-
» tue par l'autre bout, & plongez-la
» seulement dans la sphere d'activité
» du conducteur électrisé, vous n'ap-
» percevrez alors, sur le sommet de
» cette pointe, qu'un point lumineux.
» On peut conclurre de-là, & c'est
» actuellement un fait reconnu *de la*
» *plus saine partie des Electriciens*,
» qu'une même pointe mousse peut
» donner à volonté une aigrette ou un
„ point lumineux. Elle donne une ai-
» grette, lorsqu'étant électrisée par
» sa base, elle fait fonction de con-
» ducteur, & qu'elle laisse échapper,
« par sa pointe le fluide électrique
» dont elle est pénétrée. Elle ne pré-
» sente plus qu'un point lumineux, si
» le feu électrique du conducteur, ou
„ de tout autre corps électrisé, la pé-
„ netre par sa pointe & tend à s'é-
» chapper par sa base, &c. „
Voilà comme parle M. Sigaud, &
voilà comme doit parler quelqu'un qui

ne reconnoît pas de matiere affluente, & qui ne veut pas reconnoître les points lumineux pour des petites aigrettes qui fortent des pointes. Cependant, à la page précédente il donne affez à entendre qu'un point lumineux n'eft autre chofe qu'une petite aigrette & qu'il n'en differe pas dans la forme ; car il confond bien l'un avec l'autre ; voici fes paroles :

„ Ifolez fur un fupport de verre
„ une tige de métal très-aigue & re-
„ couverte d'une tige creufe & mouffe;
„ communiquez à la premiere la ver-
„ tu électrique , en établiffant une
„ communication entre celle-ci & les
„ conducteurs de la machine. Si l'ex-
„ périence fe fait dans l'obfcurité,
„ vous verrez une aigrette s'échapper
„ de la pointe mouffe & former un
„ pinceau lumineux dont vous pour-
„ rez augmenter la longueur, en ap-
„ prochant, à quelque diftance au-
„ deffus, un corps étranger : la paume
„ de la main, par exemple, eft on ne
„ peut plus propre à cet effet. Otez
„ alors la tige mouffe, il ne reftera
„ plus que la tige que nous fuppofons

,, très-aigue ; vous n'obferverez plus,
,, alors qu'un fimple point lumineux ,,.

Il eft clair, par cet endroit de M.
Sigaud, que ce feu qui fe trouve au
haut de la pointe aigue, eft, felon lui-
même, un feu qui fort de la pointe,
par conféquent une aigrette, puifque
cette pointe fait partie du conducteur,
& cependant il ne lui donne point
d'autre nom que celui de point lumineux : il faut donc conclure , tout au
moins, que le point lumineux eft, felon lui , comme une petite aigrette :
mais s'il eft fait comme une petite
aigrette, pourquoi a-t-on cherché difficulté à M. l'abbé Nollet, ainfi qu'il s'en
plaint, fur la qualité de la loupe dont il
s'étoit fervi pour obferver les points
lumineux, & avec laquelle il avoit dè-
couvert qu'ils avoient la même forme
des aigrettes ordinaires des conducteurs électrifés.

Conclu-
fion.   De tout ce que nous avons dit fur
la théorie de l'Electricité , on doit conclure ; premierement que M. Sigaud
pouvoit bien fe difpenfer d'aller chercher l'erreur chez le Docteur améri-
quain, tandis qu'il avoit la vérité dans

fa ville, à fa porte. Mais dans leur patrie les grands hommes fouvent ne font pas prophêtes, & ils y ont toujours beaucoup d'ennemis & de jaloux.

Ce n'eft pas cependant que nous prétendions, en combattant le fyftême du Docteur Franklin, lui enlever la gloire qui lui eft due d'ailleurs. L'heureufe application qu'il a fait de l'Electricité de nos machines à celle des nuages, par les Cerfs-volans & les Para - tonnerres, lui méritera, avec une gloire immortelle, des droits à la reconnoiffance de l'humanité.

FIN.

APPROBATION.

J'AI lu, par l'ordre de Monseigneur le Garde des Sceaux, un Manuscrit qui a pour titre : *Le FRANKLINISME refuté ou remarques sur la Théorie de l'Électricité, à l'occasion du Systéme de plusieurs Physiciens modernes sur ce Sujet, par M. l'Abbé DURAND.* Je n'y ai rien trouvé qui doive en empêcher l'Impression. A Paris ce 14 Août 1788.

BRISSON.